NOTICE

TRAVAUX SCIENTIFIQUES

DE

M. H. DEBRAY.

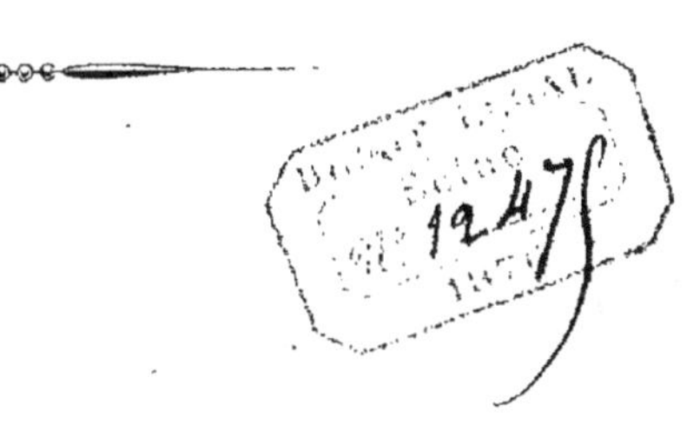

PARIS,

GAUTHIER-VILLARS, IMPRIMEUR-LIBRAIRE

DU BUREAU DES LONGITUDES, DE L'ÉCOLE POLYTECHNIQUE,

SUCCESSEUR DE MALLET-BACHELIER,

Quai des Augustins, 55.

—

1876

LISTE CHRONOLOGIQUE DES MÉMOIRES

PUBLIÉS PAR M. H. DEBRAY.

CHIMIE.

1. Mémoire sur le glucinium et sur ses composés (1855), *Annales de Chimie et de Physique* (3ᵉ série), t. XLIV, p. 5.

2. Note sur les alliages d'aluminium (bronze d'aluminium) (1856), *Comptes rendus des séances de l'Académie des Sciences*, t. XLIII, p. 925.

3. De l'action exercée par le mélange d'un corps oxydant et d'un corps réducteur sur les métaux et les oxydes (1857), *Comptes rendus*, t. XLV, p. 1018.

4. Note sur la cristallisation du soufre dans le sulfure de carbone (1858), *Comptes rendus*, t. XLVI, p. 576.

5. Recherches sur le molybdène, *Comptes rendus*, t. XLVI, p. 1098.

6. Sur la production de l'azurite (1859), *Comptes rendus*, t. XLIX, p. 218.

7. Mémoires sur les phosphates et les arséniates cristallisés (1860), *Annales de Chimie et de Physique* (3ᵉ série), t. LXI, p. 419.

8. Sur la production de quelques oxydes cristallisés (1860), *Comptes rendus*, t. LII, p. 985.

9. Sur la production de l'acide tungstique et de quelques tungstates cristallisés (1862), *Comptes rendus*, t. LV, p. 287.

10. Action du bioxyde de baryum sur le bioxyde d'azote. — Production des azotites (1863), *Traité de Chimie* (1863), p. 100.

11. Sur le dimorphisme des acides arsénieux et antimonieux (1864), *Comptes rendus*, t. LVIII, p. 1209.

12. Deuxième Mémoire sur les phosphates et les arséniates cristallisés (1864), *Comptes rendus*, t. LIX, p. 42.

13. Note sur les chlorures de tungstène (1865), *Comptes rendus*, t. LX, p. 820.

14. Note sur l'acide phosphomolybdique et les phosphomolybdates (1866), *Bulletin de la Société chimique* (2e série), t. V, p. 405.

15. Note sur les sous-sulfates d'alumine (1867), *Bulletin de la Société chimique* (2e série), t. V, p. 405.

16. Notice sur la production de l'atacamite (oxychlorure de cuivre cristallisé) (1867), *Bulletin de la Société chimique* (2e série), t. VI, p. 186.

17. Recherches sur la dissociation (carbonate de chaux) (1867), *Comptes rendus*, t. LXIV, p. 603.

18. Recherches sur la dissociation, 2e partie (efflorescence) (1868), *Comptes rendus*, t. LXVI, p. 194.

19. Recherches sur les combinaisons de l'acide phosphorique et de l'acide molybdique (1868), *Comptes rendus*, t. LXVI, p. 702.

20. Sur la formule de l'acide molybdique et l'équivalent du molybdène (1868), *Comptes rendus*, t. LXVI, p. 732.

21. Sur la densité de vapeur du calomel (1868), *Comptes rendus*, t. LXVI, p. 1339.

22. Note sur la décomposition des sels de sesquioxyde de fer (1869), *Comptes rendus*, t. LXVIII, p. 913.

23. Note sur le chlorure d'or (1869), *Comptes rendus*, t. LXIX, p. 984.

24. Sur l'essai d'argent contenant du mercure (1870), *Comptes rendus*, t. LXX, p. 849.

25. Note sur la solubilité du chlorure, de l'iodure et du bromure d'argent, dans les sels de mercure (1870), *Comptes rendus*, t. LXX, p. 995.

(5)

26. Note sur le pourpre de Cassius (1872), *Comptes rendus*, t. LXXV, p. 1025.

27. Note sur la dissociation de l'oxyde rouge de mercure (1873), *Comptes rendus*, t. LXXVII, p. 123.

28. Sur les combinaisons de l'acide arsénique et de l'acide molybdique (1874), *Comptes rendus*, t. LXXVIII, p. 1048.

29. Sur la dissociation des sels hydratés (1874), *Comptes rendus*, t. LXXIX, p. 890.

30. Sur la présence du sélénium dans l'argent d'affinage (1876), *Comptes rendus*, t. LXXXII, p. 1156.

31. Note sur la dissociation de la vapeur du calomel, *Comptes rendus*, t. LXXXIII, p. 330.

PHYSIQUE.

32. Sur l'emploi de la lumière de Drummond et sur la projection des raies brillantes des flammes colorées par les métaux, *Annales de Chimie et de Physique* (3ᵉ série), t. LXV, p. 331.

LISTE DES MÉMOIRES

PUBLIÉS EN COMMUN AVEC M. H. SAINTE-CLAIRE DEVILLE.

33. Du platine et des métaux qui l'accompagnent (1857), *Annales de Chimie et de Physique* (3ᵉ série), t. LVI, p. 385.

34. Métallurgie du platine et des métaux qui l'accompagnent (1859), *Annales de Chimie et de Physique* (3ᵉ série), t. LXI, p. 5.

35. Sur la présence de l'acide azotique dans les manganèses naturels (1859), *Comptes rendus*, t. L, p. 868.

36. Sur la fusion et le moulage du platine, *Comptes rendus*, t. L, p. 1088.

37. Note sur la fabrication économique de l'oxygène (1860), *Comptes rendus*, t. LI, p. 822.

38. Sur une nouvelle propriété du rhodium métallique (1874), *Comptes rendus*, t. LXXVIII, p. 1782.

39. Du ruthénium et de ses composés oxygénés, *Comptes rendus*, t. LXXX, p. 457.

40. De la densité du platine et de l'iridium purs et de leurs alliages (1875), *Comptes rendus*, t. LXXXI, p. 839.

41. De la décomposition de l'eau par le platine (1876), *Comptes rendus*, t. LXXXII, p. 241.

42. Sur l'osmium, *Comptes rendus*, t. LXXXII, p. 1076.

43. Sur les propriétés physiques et chimiques du ruthénium, *Comptes rendus*, t. LXXXIII, p. 926.

AUTRES PUBLICATIONS.

Sur la production des températures élevées et sur la fusion du platine. (*Leçons de la Société chimique,* 1861.)

Sur les diverses sources de la lumière. (Leçon professée à la Société des Amis des Sciences, 1863.)

Cours élémentaire de Chimie, 1re édition, 1863; 2e édition, 1865; 3e édition (1870-1875).

Articles *Aluminium, Chrome, Dissociation, Iridium, Molybdène, Palladium, Platine* du Dictionnaire de M. Wurtz.

NOTICE

SUR LES

TRAVAUX SCIENTIFIQUES

DE

M. H. DEBRAY.

CHIMIE GÉNÉRALE.

Influence de la température sur la forme cristalline des corps.

J'ai publié deux Notes sur ce sujet. Dans la première, je démontre que le soufre peut être obtenu à volonté sous ses deux formes dans le sulfure de carbone, quoique ce liquide ait la propriété de transformer immédiatement, à la température ordinaire, le soufre prismatique en soufre octaédrique. En effectuant la dissolution d'une quantité suffisante de soufre en vase clos, vers 110 degrés, on obtient par refroidissement d'abord des prismes, puis des octaèdres ; à ce moment les prismes sont détruits par le sulfure : on voit donc que l'action de la chaleur peut l'emporter sur celle du liquide.

La seconde Note est relative à la cristallisation des acides antimonieux et arsénieux. L'oxychlorure d'antimoine, au contact prolongé de l'eau froide, se transforme, comme l'a montré M. Pasteur, en petits cristaux cubiques d'oxyde d'antimoine; si la transformation s'opère en vases clos au-dessus de 100 degrés, on obtient toujours l'oxyde sous sa seconde forme (prisme rhomboïdal droit), comme dans la volatilisation de cet oxyde.

L'acide arsénieux se présente sous les deux mêmes formes. J'obtiens la forme rhomboïdale en faisant cristalliser l'acide arsénieux dans l'eau vers 250 degrés, ou, ce qui est plus commode, en faisant condenser la vapeur de cet acide sur une surface maintenue à plus de 250 degrés : au-dessous de cette température, ce sont les octaèdres réguliers qui se produisent. Cette dernière expérience permet d'expliquer la formation de l'acide arsénieux prismatique dans certaines parties des fours où l'on traite les matières arsénicales, formation observée en 1827 par M. Wöhler, mais dont la cause était restée ignorée.

Action du mélange d'un corps oxydant et d'un corps réducteur sur les métaux et les oxydes.

Pour expliquer les phénomènes inverses qui se produisent fréquemment en Chimie, Berthollet a été conduit à attribuer aux masses des corps en présence une influence particulière. Ainsi l'eau est décomposée par le fer; son hydrogène se dégage en même temps qu'il se produit de l'oxyde de fer; inversement, on peut, à la même température, décomposer l'oxyde de fer par l'hydrogène, en reproduisant de l'eau. Dans le premier cas, Berthollet admet que l'eau est en excès par rapport à l'hydrogène; dans le second, c'est l'hydrogène qui est en excès par rapport à l'eau.

Les expériences contenues dans cette Note ont pour but de préciser les conditions de ces réactions inverses. On fait passer sur de l'oxyde de fer, ou sur du fer chauffé au rouge, un mélange à proportion déterminée d'hydrogène et de vapeur d'eau, d'acide carbonique et d'oxyde de carbone, et l'on détermine le rapport existant entre la quantité du corps réducteur et du corps oxydant, pour une réduction partielle ou totale, ou pour une oxydation.

On trouve, par exemple, en opérant au rouge-cerise, qu'un mélange contenant plus de 4 volumes d'hydrogène pour 1 de vapeur d'eau réduit l'oxyde de fer et le ramène à l'état de fer métallique; avec des mélanges contenant 1 volume de vapeur d'eau, et 1, 2 ou 3 d'hydrogène, le sesquioxyde de fer est seulement ramené à l'état de *protoxyde*. Inversement, à la même température, le fer ne s'oxyde que lorsque le mélange d'hydrogène et d'eau contient un volume de vapeur au moins quadruple de celui de l'hydrogène.

Les mélanges d'acide carbonique et d'oxyde de carbone produisent des effets analogues : on peut donc, en variant ces expériences, étudier diverses questions de Statique chimique à une température donnée. On a aussi un moyen commode de préparer certains oxydes, car l'action du mélange d'acide carbonique et d'oxyde de carbone que fournit la décomposition de l'acide oxalique (par l'acide sulfurique) sur les oxydes de fer et sur les acides tungstique ou molybdique donne du protoxyde de fer anhydre, inconnu jusqu'alors, et les oxydes rouges de tungstène et de molybdène, difficiles à obtenir purs par d'autres procédés.

Depuis la publication de ce travail, je me suis servi du même mélange à volumes égaux d'acide carbonique et d'oxyde de carbone pour séparer l'arsenic de l'étain. Du bioxyde d'étain contenant de l'arsenic chauffé dans ce mélange gazeux au rouge sombre donne du protoxyde d'étain et de l'arsenic qui se volatilise.

J'ajouterai que le fait de la réduction des oxydes naturels de fer en protoxyde, par le mélange d'acide carbonique et d'oxyde de carbone, est accepté aujourd'hui par tous les métallurgistes, et qu'il intervient dans la théorie du haut-fourneau, quand on veut se rendre compte des diverses réactions qui se produisent et de l'utilisation du carbone dans ce puissant appareil.

Recherches sur la dissociation.

J'insisterai plus particulièrement sur ces recherches, les plus importantes, à mon avis, de toutes celles que j'ai faites sur les diverses parties de la Chimie.

La découverte de la dissociation est due à mon maître et ami M. H. Sainte-Claire Deville. Il a démontré, le premier, par un grand nombre d'expériences remarquables, que la décomposition des composés directs (¹) gazeux ou volatils ne s'effectuait pas en général d'une

---

(¹) Par composés *directs,* nous entendons les composés qui peuvent se former quand on met leurs éléments en contact à une température convenable. L'eau, l'acide chlorhydrique, le carbonate de chaux, les sels hydratés, composés d'un sel anhydre et d'eau, sont des composés directs. Ils sont formés, en général, avec dégagement de chaleur.

2.

manière totale à une température déterminée; cette décomposition, partielle à une température donnée, augmente avec la température; en d'autres termes, un corps formé d'éléments gazeux (l'eau par exemple) fournit, à une température suffisamment élevée, un mélange formé par les gaz résultant de la décomposition du corps primitif et de la partie de celui-ci qui n'a pas été décomposée, mélange où la tension des éléments séparés par la chaleur croit avec la température. Cette tension des éléments séparés a été désignée par M. H. Sainte-Claire Deville sous le nom de *tension de dissociation.*

On voit de suite l'analogie remarquable qui existe entre le phénomène général de la dissociation et celui de la vaporisation : la tension de dissociation correspond manifestement à la tension maximum de vapeur émise à une température donnée. Il n'est point nécessaire de développer ici ces analogies, ni les conséquences importantes d'une théorie devenue classique; je me bornerai seulement à indiquer la part que j'ai prise à son développement.

Lorsque j'ai commencé mes recherches, les expériences de M. H. Sainte-Claire Deville n'avaient porté que sur des composés gazeux, réputés pour la plupart absolument indécomposables par la chaleur. Il était impossible de mesurer directement la tension de dissociation aux hautes températures auxquelles elle devenait sensible. Cette mesure a cependant un grand intérêt théorique pour l'établissement des lois du phénomène. La tension de dissociation peut en effet ne pas dépendre seulement de la température, mais encore de la proportion de matière décomposée à une température donnée ou de toute autre cause que l'expérience peut seule faire connaître.

Afin de simplifier le problème, j'ai opéré d'abord sur des corps qui produisent en se décomposant un solide et un gaz ou une vapeur dont la tension, mesurée dans un espace vide d'air, donne immédiatement la tension de dissociation.

Carbonate de chaux et sels hydratés. — Voici les principaux résultats des expériences effectuées sur le carbonate de chaux et les sels hydratés Le carbonate de chaux commence à se décomposer vers le rouge; à 860 degrés, sa décomposition cesse lorsque l'acide carbonique dégagé exerce dans l'appareil une tension de 85 millimètres; à 1040 degrés, sa tension de dissociation est de 520 millimètres environ.

La tension de dissociation du carbonate de chaux croît donc avec la température, reste constante pour une température donnée, et l'expérience démontre, en outre, que cette tension est *absolument indépendante de l'état de décomposition du carbonate de chaux*, rien dans les faits connus ou dans les analogies probables ne permettant de prévoir ce résultat.

Le phénomène de la décomposition du carbonate de chaux, tout en restant analogue à la vaporisation, aurait pu être réglé par la même loi que les dissolutions salines, dont la tension maximum, constante à une température donnée, dépend néanmoins de leur état de concentration, ce qui fait qu'elle varie quand on enlève successivement la vapeur qui se forme, parce qu'il en résulte une variation dans la concentration de la dissolution.

Mes expériences précisent donc l'analogie qui existe entre les deux ordres de phénomènes. La décomposition du carbonate de chaux suit la même loi que la vaporisation d'un liquide de composition définie, tel que l'eau, l'alcool, l'éther, etc. La tension maximum de tels liquides varie seulement avec la température, et elle est bien indépendante de la quantité de liquide restée au contact de la vapeur.

Les sels hydratés, qui peuvent fournir en se décomposant plusieurs degrés d'hydratation, se comportent d'une manière différente. Ces sels, qui se décomposent plus ou moins complétement par leur exposition à l'air sec, suivent la loi générale de la dissociation, comme je l'ai démontré, puisque la tension de la vapeur d'eau qu'ils émettent dans un espace vide, constante à une température déterminée, croît ou décroît avec cette température ; mais *cette tension n'est pas indépendante de leur état d'efflorescence ou de décomposition*. On observe, par exemple, que le phosphate de soude ordinaire

$$2\,NaO,\ HO,\ PhO^5 + 24\,HO$$

émet de la vapeur dont la tension reste constante jusqu'au moment où il a perdu 10 équivalents d'eau. La tension change alors et devient notablement plus faible, parce que c'est un nouveau composé défini moins hydraté

$$2\,NaO,\ HO,\ PhO^5 + 14\,HO$$

qui se dissocie. Ce fait est même une confirmation de ce que l'on observe dans la décomposition du carbonate de chaux. Le spath d'Islande n'éprouve aucune altération lorsqu'on le chauffe, à 1040 degrés par exemple, dans une atmosphère d'acide carbonique dont la tension dépasse 520 millimètres, qui sont la mesure de sa tension de dissociation à cette température; or le phosphate de soude

$$2\,NaO,\ HO,\ PhO^5 + 14\,HO$$

ayant à une température déterminée une tension de dissociation plus faible que celle du phosphate à 24, il en résulte que, si le phosphate à 24 se décompose en phosphate à 14 et en eau, ce phosphate à 14 équivalents d'eau, se trouvant en présence de vapeur d'eau de tension plus forte que celle qu'il peut émettre, ne sera nullement décomposé, et cette inaltérabilité se maintiendra aussi longtemps qu'il restera du sel à 24 équivalents d'eau en quantité suffisante pour fournir la vapeur d'eau nécessaire pour remplir l'espace où le phénomène s'accomplit, avec une tension supérieure à celle du produit à 14 équivalents d'eau d'hydratation. L'inaltérabilité du phosphate le moins hydraté est aussi naturelle, dans ces conditions, que celle du phosphate à 24, dans un air contenant plus de vapeur que ce sel n'en peut émettre à la température de l'expérience.

« Le phosphate de soude ordinaire se comporte donc, dans la première phase de sa décomposition, comme une combinaison d'eau et de phosphate à 14 équivalents d'eau d'hydratation. Cette combinaison se dissocie de la même manière que le carbonate de chaux, c'est-à-dire en émettant de la vapeur d'eau dont la tension est constante à une température donnée, quelle que soit d'ailleurs la proportion d'eau et de phosphate à 14 équivalents d'eau existant dans le sel effleuri. Cette première phase terminée, le sel, à 14 équivalents d'eau, se dissocie à son tour, mais avec une tension moindre.

» La différence existant entre la décomposition des sels hydratés et celle du carbonate de chaux tient donc à ce qu'il n'existe pas de combinaisons intermédiaires entre la chaux et le carbonate de chaux, comme il en existe entre un sel anhydre et le composé le plus hydraté. On voit aussi qu'une étude approfondie de la tension de vapeurs des

sels hydratés permettrait de reconnaître les divers hydrates qu'un
même sel est susceptible de fournir ([1]). »

La loi de décomposition cdu arbonate de chaux s'applique naturellement à tous les composés directs résultant de la combinaison d'un solide
et d'un gaz ; elle fournit donc un nouveau caractère pour l'étude des
composés définis et, dans certains cas, c'est même le seul qui puisse les
faire reconnaître comme tels. Le beau travail de MM. Troost et Haute-
feuille, sur les hydrures des métaux alcalins et du palladium, en
fournit un bien remarquable exemple. Le palladium, en absorbant
l'hydrogène, donne-t-il une véritable combinaison? Les travaux si ori-
ginaux de Graham n'avaient point résolu et ne pouvaient résoudre
cette importante question. La mesure des tensions de l'hydrogène dégagé par le palladium hydrogéné la décide au contraire d'une manière
définitive. Il existe un alliage à proportions définies de palladium et
d'hydrogène, qui se dissocie de la même manière que le carbonate de
chaux ou les sels hydratés. Cet hydrure de palladium, qui a, d'ailleurs,
les propriétés physiques des métaux, a aussi celle d'absorber le gaz
à la façon du platine ou du charbon poreux, en quantité d'autant plus
grande pour une température donnée, que la pression extérieure de
ce gaz est plus forte. C'est ce qui explique pourquoi Graham n'avait
pu trouver de composition définie à l'hydrure de palladium, et pourquoi toutes les conséquences qu'il avait tirées de ses expériences sur
la densité de l'*hydrogenium* ou hydrogène à l'état solide ne sont point
d'accord avec les résultats si nets et si précis de MM. Troost et Haute-
feuille.

La loi relative à la variation brusque de la tension de dissociation,
dans le cas où l'on passe d'un composé défini, formé par un solide et un
gaz, à un autre composé défini formé par les mêmes éléments, n'est
point particulière à la classe nombreuse des sels hydratés, et sa géné-
ralité ne saurait être mise en doute, après les belles recherches que
M. Isambert a effectuées au laboratoire de l'École Normale sur les
combinaisons des chlorures métalliques et du gaz ammoniac, qui ont
complétement élucidé une question particulièrement compliquée.

([1]) *Comptes rendus de l'Académie,* t. LXVI, p. 6o3.

Dans ma Note sur la dissociation des sels hydratés, j'ai donné la véritable signification du phénomène de l'efflorescence. Un sel est efflorescent lorsqu'il émet, aux températures ordinaires, de la vapeur dont la tension surpasse en valeur celle que l'air contient d'ordinaire à ces mêmes températures. Le fait de la conservation des cristaux des sels efflorescents dans un air saturé d'humidité s'explique tout naturellement par la connaissance des lois de la dissociation.

Je passe sous silence quelques faits de moindre importance, contenus dans cette Note, et j'arrive à la dissociation de l'oxyde de mercure.

Dissociation de l'oxyde de mercure. — Un chimiste étranger, M. Myers, a publié, en 1873, un Mémoire sur la décomposition de l'oxyde de mercure, dont les conclusions, peu en rapport avec ce que nous savons de ce phénomène général, m'ont paru exiger une réfutation qui fait l'objet de la Note 27.

D'après M. Myers, la dissociation de l'oxyde de mercure serait normale jusqu'à une température inférieure à 400 degrés, sauf que la tension ne diminue pas par le refroidissement. A partir de 400 degrés et probablement un peu au-dessous, il n'y a plus de tension maximum; la décomposition est continue et deviendrait totale après un temps suffisamment long, « parce que les molécules séparées posséderaient un mouvement plus rapide que celui qui convient à leur combinaison ».

Je dois dire en peu de mots sur quelles expériences s'appuyaient ces conclusions. M. Myers chauffait de l'oxyde rouge de mercure dans un tube de verre mis en communication avec une pompe de Geissler, permettant, soit de faire le vide dans le tube, soit de mesurer la tension du gaz quand on le chauffe. Il trouvait ainsi que, à 150 degrés, la tension atteint bientôt 2 millimètres et reste stationnaire lorsqu'on continue à chauffer l'oxyde durant une heure environ. A 240 degrés, elle reste encore égale à 2 millimètres; à 293 degrés, elle ne dépasse pas $2^{mm}, 5$; elle atteint 8 millimètres à la température de 350 degrés; mais, au-dessus de ce point, vers 400 degrés, la tension n'a plus de limite supérieure : elle croit constamment, quoique lentement, avec la durée de l'expérience. C'est ainsi qu'elle atteint progressivement 16 millimètres à 400 degrés, après cinq heures de chauffe, et 343 millimètres à 500 degrés, l'expérience étant prolongée pendant sept heures.

Je reproduis textuellement la partie de ma Note où je combats les conclusions, selon moi erronées, que l'auteur avait tirées des résultats, exacts d'ailleurs, de ses expériences nombreuses et très-délicates :

« Pour étudier les lois de la dissociation de l'oxyde de mercure, il faudrait, si l'on veut conserver à ce mot le sens net et précis que lui a donné M. H. Sainte-Claire Deville, chauffer ce corps dans un espace dont tous les points fussent à une même température, et déterminer, pour chacune des températures successivement communiquées à cet espace, la tension maximum que prennent alors l'oxygène et la vapeur de mercure.

» Il y aurait en effet, dans ce cas, un maximum de pression ; car, si d'une part la chaleur décompose l'oxyde de mercure, d'autre part, elle détermine la combinaison de l'oxygène et du mercure, et cela dans des limites bien autrement étendues que ne le pense M. Myers, en reproduisant de l'oxyde de mercure, de sorte qu'il arrivera un moment où, ces deux tendances se faisant équilibre, la tension des gaz dégagés demeurera constante. Sans aucun doute, la valeur de cette force élastique croîtra avec la température, sans que nous puissions déterminer *a priori* la loi de cette variation et la nature des circonstances qui peuvent modifier sa grandeur. »

Mais l'appareil employé par M. Myers ne peut servir à déterminer les lois de ce phénomène. En voici la raison :

« Supposons pour un instant que, à la température de 440 degrés, la décomposition de l'oxyde de mercure soit limitée par une tension d'oxygène et par la tension correspondante de la vapeur de mercure. Si l'on vient alors à enlever la totalité ou seulement une partie du mercure, il est évident que l'on rompra l'équilibre existant entre les tendances à la décomposition de l'oxyde et à la combinaison des éléments séparés. Une nouvelle décomposition de l'oxyde aura donc lieu pour restituer le mercure soustrait à l'action de l'oxygène : la tension de ce dernier devra donc augmenter, et, si l'on continue à enlever du mercure au fur et à mesure qu'il se forme, on ne voit pas de raison, *a priori*, pour que la ension de l'oxygène n'augmente pas d'une manière indéfinie.

3

» Dans nos appareils (¹), l'élimination du mercure dégagé dans la partie chaude s'effectue d'une manière continue et naturelle, en vertu du principe de Watt sur la condensation des vapeurs. Le métal vient se condenser sur les parties froides et échappe ainsi à l'action de l'oxygène, dont la tension augmente progressivement ; dans mes expériences, elle pouvait dépasser la pression atmosphérique. Ces appareils ne sont donc pas disposés de manière à mesurer la tension de dissociation de l'oxyde de mercure, et la décomposition qu'on y observe n'a aucun rapport avec la dissociation véritable. Pour bien montrer que ce n'est pas à l'impossibilité, où se trouverait la vapeur de mercure vers 400 degrés, de se combiner à l'oxygène qu'est due la continuité de la décomposition, on peut chauffer, dans la vapeur de soufre, à 440 degrés, des tubes scellés contenant du mercure et de l'oxygène : il se forme alors sur les parois du tube des cristaux rouge-rubis, transparents, d'oxyde de mercure, que les anciens chimistes connaissaient sous le nom de précipité *per se*, et la presque totalité du gaz se trouve absorbée.

» Si donc l'oxygène ne s'est pas recombiné au mercure dans les expériences de M. Myers, au-dessus et au-dessous de 350 degrés, il faut en chercher la raison dans la condensation du métal dégagé pendant la décomposition sur les parois froides de l'appareil. On ne peut pas conclure non plus que la tension soit réellement limitée au-dessous de 350 degrés : la décomposition est alors trop lente pour qu'il y ait des variations bien sensibles en quelques heures.

» Ce qu'établissent manifestement ces expériences, c'est que la décomposition de l'oxyde de mercure n'est nullement empêchée par l'augmentation de pression de l'oxygène, quand on soustrait le mercure dégagé à l'action de ce gaz. Il faut, pour que la décomposition de l'oxyde soit arrêtée, pour qu'il cesse de se dissocier, que ce corps soit en contact, non pas seulement avec l'un de ses éléments, mais avec tous les deux, à une pression convenable et dépendant de la température. »

Aucune expérience *directe* n'est venue jusqu'ici infirmer cette con-

---

(¹) En 1867, j'avais déjà fait des expériences semblables à celles de M. Myers, mais sans les publier, parce qu'elles n'étaient, pas plus que les siennes, de nature à éclairer la théorie de la dissociation.

clusion, qui doit s'appliquer à tous les composés formés par deux corps gazeux.

Densité de vapeurs du calomel. — Je rattacherai à cet exposé de mes recherches sur la dissociation les deux Notes que j'ai publiées sur la densité de vapeurs du calomel.

Cette densité, prise à 440 degrés, très-près du point de volatilisation de cette substance, est égale à 118 fois celle de l'hydrogène. La théorie atomique conduisant à une densité théorique double de celle que donne l'expérience, M. Odling a, le premier, supposé qu'à cette température le calomel n'existait plus, mais qu'il se dédoublait en un mélange à volumes égaux de vapeurs de mercure et de sublimé corrosif. La densité observée est bien celle que le calcul assigne à un tel mélange.

M. Odling trouvait une confirmation de son hypothèse dans ce fait qu'une lame d'or, plongée dans la vapeur de calomel, se trouve blanchie par le mercure, en même temps qu'elle se recouvre d'un dépôt de bichlorure. Vers la même époque (1864), M. Erlenmeyer arrivait à la même conclusion par une expérience différente.

En chauffant longtemps du calomel dans un tube de verre dur, il avait obtenu des globules de mercure condensés sur les parties froides des parois; d'après lui, cette expérience était même plus concluante que celle de M. Odling, car on ne pouvait lui objecter que l'affinité du mercure pour l'or avait pu décomposer le protochlorure. Cependant, en 1864, je trouvai qu'une lame d'or, placée dans l'intérieur d'un ballon à densité où l'on vaporise du calomel, comme s'il s'agissait d'en prendre la densité, n'éprouvait aucune amalgamation. J'en avais conclu que le calomel ne se dissociait pas, croyant, comme tous les chimistes, à 'extrême stabilité de l'amalgame d'or.

Tout récemment, M. Lebel ayant démontré qu'une lame d'or préalablement blanchie par du mercure perd tout son métal quand on la maintient à la température de 440 degrés, il est devenu manifeste que cette stabilité était beaucoup moins grande qu'on ne le pensait jusqu'alors. Toutefois il n'était pas démontré que la lame d'or ne pouvait blanchir dans une atmosphère où le mercure existerait à une pression notable.

Il était donc nécessaire, en présence d'affirmations et de résultats contradictoires, de soumettre chaque expérience à un examen approfondi pour bien en déterminer la valeur au point de vue de l'hypothèse d'Odling.

J'établis dans ma seconde Note :

1° Que l'expérience d'Erlenmeyer s'explique par cette circonstance, non observée jusqu'ici, d'une action des alcalis du verre sur la vapeur de calomel fortement chauffée; on comprend pourquoi ce chimiste obtenait d'autant plus de mercure qu'il chauffait plus longtemps et plus fortement la vapeur du calomel au contact du verre;

2° Qu'une lame d'or ne blanchit même pas à 440 degrés dans la vapeur de mercure sous la pression atmosphérique, et que, par conséquent, elle ne peut servir à manifester la dissociation du calomel, puisque, cette dissociation fût-elle complète, le mélange de sublimé corrosif et de vapeur mercurielle ne contiendrait celle-ci qu'à la pression d'une demi-atmosphère.

3° Le calomel éprouve néanmoins une dissociation partielle, parce que, si l'on plonge, dans un tube de platine contenant de la vapeur de calomel à 440 degrés, un tube d'argent doré dans lequel circule un courant d'eau froide pour en empêcher l'échauffement, on obtient un dépôt grisâtre contenant du mercure extrêmement divisé, mélangé avec une grande quantité de protochlorure.

Mes expériences ne paraissent donc pas favorables à l'hypothèse de M. Odling.

Enfin, pour terminer avec ce qui a été publié de mes recherches sur la dissociation, que je poursuis encore en ce moment, je citerai d'abord quelques expériences sur la tension de dissociation des bicarbonates dissous, que j'ai rapportées dans mon article *Dissociation* du Dictionnaire de M. Wurtz. Cette tension est assez forte à la température ordinaire, pour qu'une dissolution de bicarbonate, contenant un excès de cristaux de sel, semble bouillir par suite du dégagement d'acide carbonique, quand on la place sous le vide de la machine pneumatique. C'est à l'existence de cette dissociation qu'est due la décomposition observée par M. Gernez, des bicarbonates, par un courant de gaz inerte, tel que l'hydrogène ou l'azote, que l'on fait passer dans leur dissolution. L'acide carbonique se trouvant entraîné par le gaz qui se renouvelle sans cesse, rien ne limite la décomposition.

C'est encore aux phénomènes de dissociation que se rattache la préparation actuelle de l'aniline, que je crois avoir expliquée le premier, dans ma Note *Sur la décomposition des sels de sesquioxyde de fer.*

On prépare actuellement l'aniline (par la méthode de M. Béchamp) avec de la nitrobenzine, du fer et une quantité d'acide acétique beaucoup plus petite que celle qui correspond à la quantité de sesquioxyde formé : c'est qu'en effet l'acétate de peroxyde de fer, n'ayant que peu de stabilité à la température relativement élevée de la réaction, se trouve décomposé en sesquioxyde de fer insoluble et en acide qui peut réagir de nouveau sur le métal. Il se forme bien une certaine quantité d'acétate d'aniline ; mais, comme la tension de dissociation de ce sel est sensible à la température de l'expérience, il doit arriver nécessairement qu'une petite quantité d'acide suffise pour terminer la réaction.

CHIMIE MINÉRALE.

Action du bioxyde d'azote sur le bioxyde de baryum.

Lorsqu'on fait passer du bioxyde d'azote sur du bioxyde de baryum chauffé au rouge sombre, la combinaison des deux corps s'effectue avec un dégagement considérable de chaleur ; il se produit de l'azotite de baryte qui permet facilement de préparer tous les autres azotites

$$Az\,O^1 + Ba\,O^2 = Ba\,O,\, Az\,O^2.$$

Cette réaction peut être facilement répétée dans un cours, et elle est très-propre à mettre en évidence la composition de l'acide azoteux.

Sur la présence de l'acide azotique dans le bioxyde de manganèse.

Dans nos recherches sur le platine, nous avons eu souvent l'occasion, M. H. Sainte-Claire Deville et moi, de constater dans l'oxygène obtenu par le bioxyde de manganèse, à tous les moments de la décomposition,

la présence d'une proportion souvent très-forte d'azote (3 à 4 pour 100)
qui ne pouvait s'expliquer par la présence de l'air dans les appareils ;
de plus, l'eau dégagée du manganèse avait une réaction acide. Nous
avons constaté dans cette eau la présence de l'acide azotique, et dans
tous les échantillons des manganèses dont nous nous sommes servis,
celle d'azotates en proportion notable. Cette observation, qui conduit à
rejeter d'une manière absolue l'emploi du manganèse pour la préparation de l'oxygène pur, peut jeter quelque lumière sur les circonstances
encore peu connues qui ont présidé à la formation naturelle de ce
composé.

Recherches sur le glucinium.

Le glucinium, isolé pour la première fois par M. Wöhler, en 1827,
n'était pas connu sous la forme métallique. Il constituait une poussière
noirâtre, facilement altérable : j'ai montré qu'on pouvait l'obtenir en
globules faciles à réduire en lames très-minces. Le glucinium se rapproche beaucoup, par ses propriétés, de l'aluminium, et il est encore
plus léger que lui $(D = 2{,}1)$.

La facilité avec laquelle le glucinium métallique attaque les creusets
et toutes les matières siliceuses, en mettant en liberté du silicium qui
s'unit au métal pour donner une combinaison aigre et cassante, en
même temps qu'il se produit de la glucine absolument fixe qui s'op-
pose à la réunion du métal, m'a, pendant longtemps, empêché d'obtenir le métal pur et malléable. J'ai dû confectionner des vases en
aluminate de chaux pour y produire mes réactions. Cette nécessité a
toujours rendu la préparation du glucinium très-difficile et très-dis-
pendieuse. J'ai été fort heureux que ces difficultés n'aient pas arrêté
M. Ménier lorsqu'il a fait reprendre, avec un succès complet, mon
travail en vue de l'Exposition de 1867, où figurait dans sa vitrine une
cinquantaine de lamelles de glucinium bien pur.

Les sels de glucine avaient été aussi peu étudiés, à cause de la rareté
de cette terre qu'on retirait de l'émeraude de Limoges par un traitement pénible et dispendieux. J'ai fait connaître un procédé plus commode, adopté depuis par plusieurs chimistes, et qui m'a permis d'obtenir d'assez grandes quantités de glucine pour faire une étude détaillée
de ses combinaisons. Les conclusions de ce travail apportent de nou-

velles preuves à l'appui de l'opinion des chimistes, qui considèrent la *glucine* comme un protoxyde RO.

Recherches sur les sous-sulfates d'alumine.

Dans mes recherches sur la glucine, j'avais été conduit à séparer l'alumine de la glucine, en utilisant la réaction exercée par le zinc sur certains sulfates. Ce métal, chauffé avec le sulfate d'alumine, détermine la production d'un sous-sulfate insoluble en s'emparant d'une partie de l'acide. Le sulfate de glucine attaque également le zinc avec dégagement d'hydrogène; mais il donne un sous-sulfate extrêmement soluble dans l'eau. La séparation des deux bases devenait ainsi facile et peu coûteuse.

J'ai étudié depuis la réaction du zinc sur le sulfate d'alumine et sur l'alun avec plus de détails, ainsi que l'action du carbonate de chaux sur ce dernier sel, parce que cette action, peu connue, se manifeste cependant toutes les fois que l'alun est en présence de l'eau ordinaire qui contient du carbonate de chaux en dissolution.

Voici, d'une manière sommaire, le résultat de cette étude.

Le zinc, mis en présence d'une dissolution d'alun, dégage lentement de l'hydrogène et produit un précipité cristallin dense, facile à laver, qui n'est autre chose que la lœvigite, alun basique à 9 équivalents d'eau,

$$KO, SO^3 + 3(Al^2O^3, SO^3) + 9HO,$$

et ne différant de l'alunite que par 3 équivalents d'eau en plus.

Le carbonate de chaux, en digestion avec un excès d'alun à la température ordinaire, est attaqué assez rapidement; mais il ne se produit point de lœvigite dans cette réaction. Le sous-sulfate précipité a pour composition

$$4Al^2O^3, 3SO^3, 36HO.$$

C'est à la production de ce sous-sulfate qu'il faudrait attribuer la clarification des eaux par l'alun.

L'action du zinc sur le sulfate d'alumine produit deux sous-sulfates différents, suivant qu'elle s'exerce à chaud ou à froid. A 100 degrés, c'est le composé

$$5Al^2O^3, 3SO^3 + 20HO$$

qui prend naissance ; à la température ordinaire, on retrouve le composé

$$4 Al^2O^3, 3SO^3 + 36HO.$$

Sels de protoxyde de chrome.

J'avais étudié également l'action du zinc sur les sels de sexquioxyde de chrome et constaté leur transformation en sels de protoxyde dans cette réaction. Il est facile de s'assurer de cette réduction au moyen de l'acétate de soude, qui donne un précipité cristallin d'acétate de protoxyde de chrome dans les sels de cette base. C'est de cette manière que M. H. Sainte-Claire Deville, à son cours de la Sorbonne, dès 1853, mettait en évidence les propriétés des sels de protoxyde de chrome découverts par M. Peligot.

Cette observation, insérée plus tard dans ma Thèse sur le glucinium, ne reçut pas à cette époque d'autre publictité ; elle fut retrouvée quelque temps après par M. Lœvel, qui ignorait certainement mes expériences sur ce sujet.

Sur les phosphates de chrome.

Lorsqu'on verse du phosphate de soude dans un excès d'alun violet de chrome, on obtient un précipité volumineux qui se transforme en quelques jours en un sel violet cristallisé ($Cr^2O^3, Ph O^5 + 12HO$), qui avait déjà été signalé par M. Rammelsberg. Ce sel, mis au contact d'une dissolution d'azotate d'argent, se transforme en phosphate jaune d'argent, comme le font la plupart des phosphates de protoxyde ([1]) insolubles. Au contraire, le phosphate vert obtenu en chauffant le sel violet à 100 degrés n'exerce aucune action sur l'azotate d'argent. Mais il y a plus, le phosphate jaune d'argent porté à l'ébullition avec une dissolution concentrée d'un sel vert régénère l'azotate d'argent et donne du phosphate vert de chrome. Celui-ci se comporte donc comme un sel de sesquioxyde. C'est un caractère différentiel des sels violets et des sels

---

([1]) Ce caractère a été signalé, pour la première fois, par M. Fremy, à propos du phosphate tribasique de chaux des os ; il s'applique également à presque tous les phosphates de protoxyde insolubles.

verts, qui n'avait pas encore été signalé (*Bulletin de la Société chimique*, 1863. *Cours de Chimie*, t. II, p. 354; 1874).

Note sur la décomposition des sels de sesquioxyde de fer.

Lorsqu'on chauffe une dissolution de chlorure neutre de sesquioxyde de fer, tellement étendue que sa coloration soit à peine sensible, on voit, à partir de 70 degrés, la liqueur se colorer fortement et prendre la teinte caractéristique des chlorures basiques de sesquioxyde de fer. Cette transformation n'est pas due au dégagement d'une certaine quantité d'acide chlorhydrique, puisqu'on l'effectue en vase clos et qu'après le refroidissement la liqueur conserve, avec sa réaction acide primitive, la couleur que la chaleur lui a communiquée.

Les propriétés chimiques du sel de fer sont profondément modifiées ; tandis que la liqueur primitive donnait avec le cyanure jaune un précipité intense de bleu de Prusse, la dissolution colorée ne produit plus avec le même réactif qu'un précipité bleu verdâtre assez pâle, et les dissolutions salines de sel marin, par exemple, sans action sur le chlorure ordinaire, donnent dans le chlorure modifié un précipité gélatineux de sesquioxyde de fer hydraté. Cet oxyde, immédiatement lavé, se redissout dans l'eau lorsqu'elle ne contient plus que de petites quantités de sel; mais il perd la propriété de se dissoudre quand on le laisse en digestion un jour ou deux avec son précipitant. Enfin la dissolution colorée par la chaleur, dialysée, donne de l'acide chlorhydrique à peu près exempt de fer, qui traverse le filtre, et de l'oxyde de fer soluble, qui reste dans le dialyseur.

Le chlorure de fer se dédouble donc à une température de 70 degrés environ en acide chlorhydrique et en sesquioxyde de fer soluble dans l'eau et dans l'acide chlorhydrique étendu, insoluble dans la plupart des dissolutions salines : ce sont précisément les caractères de l'oxyde de fer colloïdal obtenu par M. Graham dans la dialyse des dissolutions basiques de fer.

Si l'on chauffe au bain-marie à 100 degrés la dissolution étendue de sesquichlorure de fer, en ayant soin de remplacer le liquide qui s'évapore, on constate que l'oxyde soluble se transforme peu à peu dans la modification isomérique de sesquioxyde de fer, découverte par Péan de

4

Saint-Gilles. On se rappelle que ce chimiste, en soumettant l'acétate de sesquioxyde de fer en dissolution à l'action prolongée de la chaleur, obtint un oxyde particulier, insoluble dans les acides minéraux étendus et dans la plupart des dissolutions salines, et donnant avec l'eau une liqueur transparente par transmission et trouble par réflexion. Quelques années plus tard, M. Scheurer-Kestner démontra que la décomposition de l'azotate de fer pouvait également le fournir. Il résulte de mes expériences que la production de l'oxyde de Péan de Saint-Gilles, dans ces diverses circonstances, est due à la même cause. Le premier effet de la chaleur sur les sels de fer à acide monobasique est de les dédoubler en acide et en oxyde, qui ne restent séparés que si l'acide est étendu, puis de transformer l'oxyde soluble en métasesquioxyde de Péan de Saint-Gilles, différant par son état d'hydratation et par plusieurs de ses caractères de l'oxyde colloïdal de M. Graham. Les dissolutions des sels bibasiques, comme le sulfate, ne donnent que des soussels insolubles lorsqu'on les soumet à l'action de la chaleur.

Enfin, quand on opère, comme l'a fait de Senarmont, la décomposition de chlorure en dissolution étendue, aux températures élevées de 250 à 300 degrés, auxquelles l'oxyde colloïdal et le métasesquioxyde n'existent plus, la séparation de l'acide et de l'oxyde ayant nécessairement lieu, puisqu'il suffit d'une température de 70 degrés pour l'effectuer, l'oxyde qui se produit avec une lenteur plus ou moins grande est du sesquioxyde anhydre et cristallisé, c'est-à-dire du fer oligiste. Il n'est donc pas nécessaire, pour expliquer l'expérience de de Senarmont, de faire intervenir l'influence de la pression exercée dans le tube fermé, où l'on fait l'expérience, par la vapeur d'eau fortement chauffée ou par l'acide chlorhydrique dégagé.

Recherches sur le tungstène.

L'action du chlore sur le métal fournit le chlorure correspondant à l'acide, contrairement à l'opinion jusqu'alors reçue qui lui attribuait la formule $Tu^2 Cl^5 = (Tu^2 Cl^3 + Tu Cl^2)$. Mais, à la distillation, ce chlorure se transforme partiellement en sous-chlorure. Cette altération est assez faible pour ne pas modifier sensiblement la composition du corps; mais elle est facile à constater par des réactions sensibles. Ainsi, quelques grammes de chlorure, soumis à l'action d'une dissolution concentrée de potasse, fournissent un dégagement très-appréciable d'hydrogène.

Le chlorure de tungstène offre donc, comme l'acide sulfurique monohydraté, l'exemple d'un corps se décomposant d'une manière sensible, à la température d'ébullition, en donnant un produit dont la composition, quoique constante dans des circonstances déterminées de pression, ne peut s'exprimer par aucune formule équivalente simple.

Les oxychlorures $TuOCl^2$ et TuO^2Cl peuvent être préparés, comme celui de phosphore, en faisant réagir, sur le chlorure correspondant à l'acide, de l'acide oxalique desséché; on peut également les obtenir par l'action directe du chlorure de tungstène sur l'acide tungstique anhydre; la combinaison des deux corps a lieu avec dégagement de chaleur. C'était le premier exemple de combinaison d'un chlorure et d'un oxyde métallique; ce n'est plus le seul aujourd'hui : quelque temps après, MM. H. Sainte-Claire Deville et Troost ont préparé de cette façon l'oxychlorure de niobium et fixé ainsi, d'une manière définitive, sa constitution encore peu connue.

La détermination des densités de vapeurs des composés $TuOCl^2$ et $TuCl^3$ m'avait fait croire à une anomalie qui n'existe pas. Une étude, extrêmement complète, des chlorures et oxychlorures, des bromures et oxybromures de tungstène, faite depuis par M. Roscoë, a conduit l'éminent chimiste de Manchester à des densités normales pour tous les composés qui n'éprouvent pas de dissociation sensible à la température où l'on détermine cette densité.

Recherches sur le molybdène.

Ces recherches ont fait l'objet de plusieurs Communications : j'en résumerai les points principaux.

Le molybdène est un des métaux les plus réfractaires que nous connaissions lorsqu'il est pur; il est, en effet, plus difficile à fondre que le platine, mais moins que le tungstène. On ne peut effectuer sa fusion que dans des appareils spéciaux, chauffés au chalumeau à hydrogène et oxygène, et en employant comme fondant le quartz. Le métal donnant un oxyde volatil, on est obligé d'employer un creuset de charbon de cornue protégé par une enveloppe de chaux. Cette circonstance fait que le produit de la fusion est assez fortement carburé. Sauf sa dureté, qui est assez grande pour qu'il puisse rayer le verre, ses propriétés ne diffèrent pas, lorsqu'il a été fondu, de celles qu'il possède d'ordinaire.

L'acide molybdique anhydre, chauffé vers 200 degrés, dans un courant de gaz chlorhydrique, donne un produit volatil cristallisé en longues aiguilles blanches, extrêmement soluble dans l'eau (où l'acide molybdique anhydre est insoluble) et décomposable à une température élevée en acide chlorhydrique et acide molybdique.

Ce corps, résultant de l'union d'un oxacide et d'un hydracide à équivalents égaux (MO^3, HCl), était le seul produit de cette nature connu en Chimie minérale jusqu'à ces derniers temps où M. Ditte a fait connaitre des combinaisons analogues de l'acide chlorhydrique et de ses congénères avec les acides sélénieux et tellureux; mais il a de nombreux analogues en Chimie organique, dans les chlorhydrines des glycols, comme l'a fait remarquer M. Wurtz dans une belle leçon professée à la Société Chimique ([1]).

Cette tendance de l'acide molybdique à s'unir avec d'autres acides est particulièrement marquée vis-à-vis de l'acide phosphorique. L'union de ces deux acides peut s'effectuer dans des proportions pour ainsi dire insolites, puisqu'on peut obtenir une combinaison dans laquelle 1 équivalent seulement d'acide phosphorique est uni à 20 équivalents d'acide molybdique. Il existe, en effet, de cette combinaison, trois hydrates jaunes, extrêmement solubles, dont deux sont remarquablement bien cristallisés; elle donne des sels jaunes également cristallisés; ceux de potasse, de cœsium, de rubidium, de thallium et d'ammonium sont insolubles dans les liqueurs acides; tous les autres s'y dissolvent. Les alcalis les transforment en molybdates ordinaires et en phosphomolybdates blancs, dans lesquels l'acide résulte de l'union de 5 équivalents d'acide molybdique et de 1 équivalent seulement d'acide phosphorique. Ces derniers sels sont solubles dans l'eau et parfaitement cristallisés; leur composition peut s'exprimer d'une manière générale par la formule

$$3RO(MO^3, 5PhO^5) + Aq,$$

([1]) *Sur quelques points de Philosophie chimique*, p. 193; 1863.

Il n'a pas été possible d'extraire l'acide de ces sels; il paraît se dédoubler avec une extrême facilité en acide phosphomolybdique jaune et acide phosphorique.

On avait remarqué depuis longtemps déjà que l'acide arsénique précipite en jaune la solution de molybdate acide d'ammoniaque comme l'acide phosphorique, mais on ignorait la constitution de ce précipité. J'ai montré qu'il correspondait au phosphomolybdate jaune d'ammonium, et j'ai isolé l'acide de ce sel

$$AsO^5, 2oMO^3 + Aq$$

par le procédé employé pour l'acide phosphomolybdique correspondant. C'est un produit jaune orangé, extrêmement soluble; mais, tandis que l'acide phosphomolybdique jaune présente une grande stabilité en présence des acides, l'acide arséniomolybdique, au contraire, se dédouble rapidement en acide molybdique et en acide blanc très-soluble, facilement cristallisable, dont la composition répond à la formule

$$AsO^5, 6MO^3 + 16HO.$$

Neutralisé par les alcalis ou les oxydes métalliques, ce nouvel acide donne des précipités gélatineux, solubles dans les acides qui les transforment en sels moins basiques, remarquablement cristallisés, qui correspondent à la formule
$$RO, AsO^5, 6MO^3 + Aq.$$

J'ai décrit un assez grand nombre de ces phosphomolybdates et arséniomolybdates alcalins ou métalliques.

L'analyse des composés phosphorés présentait des difficultés particulières, et il a fallu imaginer de nouvelles méthodes pour l'effectuer. On a opéré la séparation de l'acide molybdique et de l'acide phosphorique en faisant passer sur le mélange d'acide phosphomolybdique et de chaux porté au rouge, d'abord un courant de gaz sulfhydrique, puis de gaz chlorhydrique; il se produit dans cette réaction deux espèces minérales bien cristallisées, qui sont le sulfure de molybdène et le chlorophosphate de chaux, que l'on peut séparer facilement en dissolvant le dernier dans l'acide chlorhydrique.

L'existence de composés définis, avec des rapports d'équivalents de

1 à 20, doit nécessairement appeler davantage l'attention des chimistes sur le rôle que peuvent jouer de petites quantités de matières dans certains composés, où, malgré leur constance, leur proportion minime les fait ordinairement prendre pour des impuretés. Il n'est pas nécessaire d'insister sur ce point.

L'existence des composés phosphomolybdiques et l'association fréquente dans la nature de l'acide molybdique et de l'acide vanadique, auquel on attribue, par l'ensemble de ses réactions, la formule V^2O^5, pourrait conduire à identifier la formule de ces trois acides.

La constitution des composés phosphomolybdiques se prête facilement à cette hypothèse, puisque les composés

$$PhO^5, 20MO^3 \quad \text{et} \quad PhO^5, 5MO^3$$

deviendraient

$$PhO^5, 12M'O^5 \quad \text{et} \quad PhO^5, 3M'O^5,$$

en posant

$$M' = \frac{5}{3}M = 8o.$$

Mais la considération importante de la densité de vapeurs du chlorure inférieur M^2Cl^5 ([1]), le seul qui se prête facilement à ces déterminations, conduit au contraire à considérer l'ancienne formule MO^3 comme seule probable.

L'équivalent du molybdène admis dans ces recherches est celui de M. Dumas, $M = 48$. L'autorité de ce savant me permettait de l'accepter sans contrôle; cependant des expériences récentes de M. Rammelsberg l'ayant conduit au nombre 46, anciennement déterminé par MM. Svanberg et Struve, j'ai repris les expériences de réduction de l'acide molybdique sur une quantité de matière plus considérable et vérifié les résultats obtenus par ceux que fournit la synthèse du molybdate d'argent cristallisé. Les deux méthodes conduisent avec beaucoup de concordance au nombre de M. Dumas.

([1]) Cette densité, qui m'a donné des nombres variant entre 9,40 et 9,53, est théoriquement égale à 9,47.

**Sur la solubilité des chlorure, bromure et iodure d'argent dans les sels
de bioxyde de mercure.**

Ces trois composés de l'argent ont très-peu de dissolvants véritables ;
il était donc intéressant de trouver des solutions qui, sans exercer aucune
action chimique sur eux, pussent les dissoudre facilement. C'est ce qui
arrive pour tous les sels mercuriques et surtout pour l'azotate et le
sulfate, qui les dissolvent très-facilement à chaud lorsqu'ils sont en solution concentrée, et les déposent en cristaux très-nets par un simple
refroidissement.

Le calomel ou sous-chlorure de mercure se comporte dans ces circonstances comme le chlorure d'argent. J'ai eu l'occasion de constater
ces faits à propos d'une recherche que j'ai faite sur l'*essai mercurié*
(page 45).

Sur le chlorure d'or.

On savait que l'action de la chaleur sur le chlorure d'or le décompose d'abord en sous-chlorure, puis en or métallique ; mais on n'a-
vait jamais volatilisé le sesquichlorure d'or Au^2Cl^3. On l'obtient cependant en longues aiguilles rouges déliquescentes, quand on chauffe
de l'or vers 200 degrés dans un courant de gaz chlore bien desséché.
Mais la facilité avec laquelle ce corps se dissocie ne m'a pas permis d'en
prendre la densité de vapeurs.

Sur le pourpre de Cassius.

C'est le précipité pourpre qui se ferme quand on mélange une dissolution d'or avec la dissolution des deux chlorures d'étain, et que
l'on emploie dans la peinture sur porcelaine ou pour la coloration des
verres, pour produire les pourpres, les roses et les violets.

Sa composition varie avec les circonstances de sa préparation ; mais
on peut toujours la représenter par du bioxyde d'étain hydraté et de
l'or métallique. Macquer l'envisageait comme résultant du mélange de
ces deux substances ; mais Proust, ayant remarqué que le pourpre ne
cédait pas d'or au mercure et qu'il se dissolvait dans l'ammoniaque,

lorsqu'il était humide et récemment préparé, rejeta cette hypothèse et le considéra comme un composé défini. Le pourpre de Cassius ne peut être alors qu'un stannate stanneux uni à un stannate d'oxyde d'or, cet oxyde étant en quantité telle que son oxygène soit suffisant pour transformer tout l'acide stanneux en oxyde stannique.

Cette opinion, acceptée par Berzélius et la plupart des chimistes de notre temps, ne m'a pas paru appuyée de preuves suffisantes. Les propriétés de cette curieuse matière s'expliquent beaucoup mieux, il me semble, dans l'hypothèse suivante.

Le pourpre de Cassius est une laque d'acide stannique (ou même *métastannique* suivant les cas) colorée par de l'or très-divisé; la matière colorante de cette laque est devenue alors insoluble dans un de ses dissolvants, le mercure, de même que les matières colorantes bon teint résistent à l'eau lors même qu'elles y étaient solubles, par suite de leur union avec le tissu ou le mordant; mais l'eau régale dissout toujours ce métal, comme l'acide sulfurique le ferait pour l'indigo.

On obtient d'ailleurs un pourpre de Cassius ayant tous les caractères du produit ordinaire lorsqu'on réduit une solution d'or au contact du bioxyde d'étain précipité, et il est même possible de teindre en pourpre l'alumine par ce procédé. Cette dernière laque résiste d'ailleurs au mercure aussi bien que le pourpre ordinaire.

La solubilité du pourpre de Cassius dans l'ammoniaque a été considérée à tort comme un caractère distinctif de ce corps; le pourpre est soluble ou insoluble dans l'ammoniaque suivant que l'oxyde d'étain qu'il contient y est lui-même soluble ou insoluble. L'oxyde d'étain préparé à froid est soluble dans l'ammoniaque, celui que l'on obtient à chaud (acide métastannique de M. Fremy) y est insoluble, comme l'oxyde desséché; c'est pour cela que le pourpre de Cassius perd sa solubilité quand on le dessèche ou quand on le chauffe. Cette dissolution, pourpre et limpide par transparence, est toujours trouble par réflexion : elle laisse déposer lentement de l'or métallique, l'acide stannique restant seul en dissolution. Ce fait est naturel si le pourpre est une laque; l'or extraordinairement divisé reste très-longtemps en suspension, comme l'oxyde de fer modifié de Péan de Saint-Gilles et beaucoup d'autres matières; mais il se dépose à la longue à l'état métallique, dans l'*obscurité*, comme à la lumière solaire, ce qui ne s'explique pas dans l'hypothèse d'un oxyde d'or ; car l'action de l'ammoniaque sur les dissolutions des métaux précieux donne des produits plus ou moins complexes, mais ne met jamais le métal en liberté.

Dans l'essai des métaux précieux, on obtient un pourpre de même composition que le produit ordinaire, quand on dissout dans l'acide azotique de l'argent tenant un peu d'étain et d'or. Comme l'or est toujours inattaquable par l'acide azotique, Mercadieu, et après lui, Gay-Lussac, en avaient conclu que le pourpre de Cassius renfermait bien l'or à l'état métallique ; mais Berzélius et beaucoup d'autres chimistes voyaient dans le pourpre des essayeurs, qui est insoluble dans l'ammoniaque, une matière essentiellement différente de celui de Cassius. Cette distinction n'est pas fondée : le pourpre des essayeurs, préparé à basse température, est soluble dans l'ammoniaque, comme l'est l'oxyde d'étain préparé dans ces circonstances ; celui que l'on obtient dans l'acide azotique à chaud est insoluble, parce qu'il ne contient que de l'acide métastannique qui est insoluble dans ce réactif.

Recherches sur le platine et les métaux de la mine de platine.

Tous les travaux que nous avons publiés en commun, M. H. Sainte-Claire Deville et moi, se rattachent à ces recherches pénibles et délicates. Nos premières publications datent déjà de près de vingt ans (1857) ; elles ont été le résultat de plusieurs années de travaux. Après une longue interruption, nous les avons reprises, pour obtenir l'iridium nécessaire à la confection du mètre international, ce qui nous a permis de compléter nos premières études, de perfectionner nos méthodes de séparation ou de purification et d'ajouter beaucoup d'observations nouvelles à l'histoire de ces métaux. Ce dernier travail n'est pas encore terminé, parce qu'il comprend une étude détaillée de six métaux ; mais il a été l'objet de diverses publications dont je présente ici le résumé.

La mine de platine contient, à l'état de platine allié à divers métaux et d'osmiure d'iridium, six métaux particuliers, qui sont le platine, le palladium, le rhodium, l'iridium, le ruthénium et l'osmium. La connaissance de leurs propriétés chimiques était déjà fort avancée à l'époque où nous avons entrepris nos premières études, grâce aux travaux remarquables de Berzélius, de Claus, de M. Wöhler et de M. Fremy, mais leurs propriétés physiques, dont nous avons fait une étude spéciale, étaient beaucoup moins bien connues.

Avant nous, aucun de ces métaux, le palladium excepté, n'avait été fondu en quantité un peu notable dans des conditions permettant d'obtenir un produit pur (¹). Nos appareils de chauffage, d'une puissance extrême, nous permettent d'arriver facilement à ce résultat, excepté pour l'osmium.

Sous le rapport de la fusibilité, ils se rangent dans l'ordre suivant, en commençant par le moins réfractaire : le palladium, le platine, le rhodium, l'iridium, le ruthénium et l'osmium. Le platine fond très-facilement dans la flamme du gaz alimenté par l'oxygène; pour l'iridium et le ruthénium, il faut employer le mélange d'hydrogène et d'oxygène purs et desséchés. Le ruthénium se transforme alors en grande partie en oxyde volatil, et cette volatilisation commence déjà bien au-dessous de son point de fusion.

Les appareils dans lesquels on fond ces métaux sont en chaux vive, matière peu conductrice et particulièrement réfractaire. Ce sont de véritables fours à réverbères, chauffés intérieurement par la flamme du chalumeau. Pour de grandes fusions, nous avons substitué à la chaux vive la pierre à bâtir, plus facile à manier, et qui se transforme en chaux pendant l'opération de la fusion. C'est dans un four construit avec cette matière et chauffé avec plusieurs chalumeaux qu'ont été fondus, au Conservatoire des Arts et Métiers, les 250 kilogrammes de platine iridié de la Commission du Mètre.

Sous le rapport de la densité, on peut diviser les métaux du platine en deux groupes : celui des métaux lourds et celui des métaux légers. Le premier comprend le platine, l'iridium et l'osmium, dont la densité dépasse 21; dans le second se placent le palladium, le rhodium et le palladium, dont la densité n'atteint pas 13.

La détermination de la densité de ces matières nous a conduit, pour les métaux lourds, à des nombres notablement supérieurs à ceux que nous avions obtenus il y a vingt ans. Cette grande densité est la preuve même du perfectionnement apporté à nos méthodes de purification,

---

(¹) On ne les avait guère fondus que dans l'arc voltaïque.

au moins en ce qui concerne le platine et l'iridium. Les explications suivantes ne laisseront, je pense, aucun doute à cet égard.

L'iridium peut facilement être obtenu exempt d'osmium; mais ce n'est que dans nos dernières recherches que nous l'avons nettement séparé du platine. La méthode consiste à chauffer l'alliage des deux métaux avec du plomb dans lequel l'iridium cristallise, tandis que le platine forme avec lui un alliage. L'excès de plomb étant dissous dans l'acide azotique, on n'a plus qu'à attaquer le résidu dans l'eau régale faible, qui est *sans action sur l'iridium cristallisé*, et qui attaque le platine avec une extrême facilité, à cause de son état de division, et surtout parce qu'il est allié avec une certaine quantité de plomb.

Mais l'iridium cristallisé n'est pur que si l'alliage ne contenait que du platine; dans la réalité, il faut toujours retirer ce métal d'un alliage contenant en proportions variables, mais toujours sensibles, du platine, du rhodium, du ruthénium, métaux tous plus légers que l'iridium et qui en diminuent la densité d'une quantité d'autant plus forte qu'ils y sont plus abondants. Par le plomb, on enlève le platine et le rhodium; mais le ruthénium cristallise avec lui et reste tout entier dans le résidu insoluble dans l'eau régale. La densité de l'iridium dépendra donc de la proportion de ce métal qu'on y laissera, et elle croîtra nécessairement avec la perfection de la méthode employée pour éliminer un métal qui pèse sensiblement deux fois moins que l'iridium. Des attaques successives au nitre et à la potasse, qui transforment le ruthénium en ruthéniate de potasse soluble, permettent d'enlever ce métal et d'obtenir l'iridium dans un état de pureté bien plus grand que par les méthodes anciennes (¹).

La densité à zéro d'un métal ainsi préparé s'élève jusqu'à 22,380, chiffre bien supérieur à celui de 21,15 de notre premier travail, qui, pour le dire en passant, dépassait déjà de beaucoup ceux que l'on connaissait à cette époque. On est donc en droit de dire que l'iridium fondu a une densité égale, sinon supérieure, à 22,380, puisque, s'il n'est pas pur, il ne peut contenir que des métaux plus légers que lui.

Le platine, pouvant être rigoureusement privé d'iridium, on l'ob-

---

(¹) On peut aussi traiter l'iridium par un mélange de baryte et de bioxyde de baryum ou d'azote de baryte. Cette méthode est décrite en détail dans les *Comptes rendus de l'Académie des Sciences*, t. LXXXI, p. 839 et suiv.

5.

tiendra d'autant plus pur qu'on le séparera mieux des métaux légers, tels que le rhodium, qui le souillent d'ordinaire. Cette purification aura donc aussi pour effet d'en augmenter la densité. Notre platine purifié a pour densité à zéro 21,451 (au lieu de 21,15 en 1857) : il est probablement d'une pureté absolue.

La détermination de la densité du platine fondu et de ses congénères présente une cause d'erreur qu'il importe de signaler. Ces métaux ont la propriété de *rocher*, comme l'argent et parfois plus que ce métal, que l'on croyait être le seul à posséder cette propriété. Ce rochage tient à ce que ces métaux fondus dissolvent les gaz de la flamme dans laquelle on les chauffe, et les dégagent au moment de leur solidification. Il est presque impossible alors que le métal solidifié ne contienne pas de cavités intérieures invisibles qui en augmentent le volume et en diminuent la densité. Aussi convient-il, pour les métaux malléables, comme le platine et le palladium, de les laminer ou mieux de les comprimer fortement sous le balancier, si l'on veut atténuer autant qu'il est possible cette cause d'erreur. Les métaux cassants, comme l'iridium, doivent être concassés le plus possible en les faisant passer sous un puissant laminoir (¹).

J'arrive à l'osmium, le plus lourd de tous les corps connus. Sa densité peut s'élever jusqu'à 22,447 (à zéro). La préparation de l'osmium pur ne présente aucune difficulté; chauffé dans l'oxygène, il se transforme vers 100 degrés en acide volatil et très-vénéneux, l'acide osmique, que l'on réduit ensuite facilement à l'état métallique par des gaz réducteurs; mais la densité du métal dépend alors de son état d'agrégation. Berzélius obtenait des densités variant de 7 à 10; l'osmium fortement aggloméré de nos premières recherches avait une densité supérieure à 21. Le nombre 22,447 se rapporte à une variété d'osmium cristallisé, obtenue en alliant ce corps à de l'étain et chassant ensuite cet étain par le gaz chlorhydrique à très-haute température. Nous avons aussi obtenu de l'osmium cristallisé en faisant passer des vapeurs d'acide osmique bien pur à travers un tube de porcelaine où l'on avait préalablement produit un dépôt de charbon pur

---

(¹) C'est sans doute à l'influence de cette cause d'erreur qu'est due la différence entre la densité que nous avons trouvée, en 1857, pour le ruthénium fondu (11,4) et celle que nous donne la même matière cristallisée dans l'étain. Cette densité est égale à 12,261 à zéro.

en y décomposant de la benzine par la chaleur. Nous avons constaté dans ces réductions la production d'un nouvel oxyde d'osmium Os^2O^3, formant des écailles d'un beau rouge de cuivre.

Il faut bien remarquer que l'augmentation de densité du platine et de l'iridium trouvée par nous ne peut être attribuée à la présence de l'osmium, la seule de toutes les matières que nous connaissons actuellement qui soit capable de produire un tel effet. La volatilité extrême de l'acide osmique permet de l'éliminer d'une façon absolue des dissolutions acides, où l'on fait nécessairement entrer tous les métaux du platine, quand on veut les retirer séparément de leurs minerais, et la fusion des métaux au chalumeau, en produisant de l'acide osmique, permettrait, par l'odeur spéciale de ce corps, par son action irritante sur les yeux, de déceler les moindres traces d'osmium dans toute matière qui en contiendrait.

On peut dire que l'osmium est l'arsenic de la famille du platine; le grillage le transforme en produit acide volatil et vénéneux, et, lorsqu'il entre dans la composition d'alliages malléables, il les rend cassants, comme le fait l'arsenic pour les métaux ordinaires. L'influence que son état physique exerce sur ses propriétés chimiques le rapproche aussi des métalloïdes; l'osmium pulvérulent est facilement altérable : il s'oxyde même à la température ordinaire en répandant l'odeur spéciale de l'acide osmique; l'osmium cristallisé, au contraire, ne s'oxyde à l'air qu'à la température du rouge. Nous retrouvons ici la même différence qu'entre le phosphore blanc et le phosphore rouge, entre le carbone amorphe et le carbone cristallisé.

Le ruthénium forme aussi un acide très-volatil, mais dans des conditions bien différentes. C'est en faisant passer un courant de chlore dans du ruthéniate de potasse que l'on obtient l'acide hyper-ruthénique RuO^4 de Claus, magnifique produit jaune d'or, volatil au-dessous de 100 degrés, violemment explosible à 108 degrés. Le grillage du ruthénium donne l'oxyde RuO^2 cristallisé de M. Fremy, mais qui ne se volatilise qu'à une température très-élevée. Cette différence de volatilité des oxydes OsO^4 et RuO^2, formés tous deux par le grillage de leurs métaux, rend facile la séparation de l'osmium et du ruthénium. Ce dernier, par la volatilité de son oxyde RuO^2 au rouge vif, peut être comparé à l'antimoine, mais il a la forme du bioxyde d'étain.

Nous avons fait une étude spéciale du ruthénium et de ses composés et nous avons découvert un nouvel acide de ce corps, Ru^2O^7, qui donne avec la potasse un sel fortement coloré, isomorphe de l'hypermanganate de cette base. Je rappellerai aussi le fait remarquable qui se manifeste pendant la fusion du ruthénium. Il se volatilise alors une quantité considérable de métal que l'on recueille à l'état d'oxyde RuO^2. L'épaisse fumée formée par ce corps répand une odeur extrêmement forte d'acide hyperruthénique RuO^4, qui est la même que celle de l'ozone. Il peut paraître singulier que l'ozone ou l'acide hyperruthénique prenne naissance dans une fusion qui s'opère à une température aussi élevée, lorsqu'ils se détruisent ordinairement à une température voisine de 100 degrés, mais ce n'est pas le seul fait de ce genre. Dans nos premières recherches, nous avions montré en effet que, dans la volatilisation de l'argent dans la flamme du chalumeau oxyhydrique, il se produit abondamment de l'oxyde d'argent, quoique ce corps soit facilement réductible par la chaleur.

Le rhodium nous a présenté également une particularité bien inattendue. Le métal réduit de ses dissolutions par l'acide formique dédouble cet acide en hydrogène et acide carbonique. Il transforme aussi très-facilement l'alcool en acide acétique en présence des alcalis avec dégagement d'hydrogène. On sait que l'état physique des métaux fait varier certaines propriétés d'ordre également physique, telle que la condensation des gaz par exemple, mais c'est le seul exemple d'une réaction chimique paraissant liée à l'état physique du métal qui la produit.

Dans notre Mémoire *sur la décomposition de l'eau par le platine*, nous montrons que ce métal peut, en présence du cyanure de potassium, décomposer l'eau ou le cyanure de mercure dissous, en donnant un cyanure double de platine et de potassium, et en mettant en liberté de l'hydrogène ou du mercure.

Je ne m'étendrai pas davantage sur ces recherches; je rappellerai seulement que notre Mémoire de 1857 a été en grande partie consacré à l'analyse de tous les minerais de platine connus et des osmiures de diverses provenances; que nous avons aussi décrit et analysé beaucoup d'alliages, dont quelques-uns bien cristallisés, etc.

CHIMIE MINÉRALOGIQUE.

Production de l'azurite.

L'azurite (cendres bleues, carbonate bleu de cuivre) peut s'obtenir en faisant réagir en vase clos, *à la température ordinaire,* du carbonate de chaux sur de l'azotate de cuivre en dissolution. Le carbonate de chaux transforme d'abord l'azotate de cuivre en azotate tribasique vert, avec dégagement de gaz carbonique qui forme alors du bicarbonate de chaux. Cette matière réagit lentement sur l'azotate tribasique et le transforme en cristaux mamelonnés d'azurite : c'est ce que représente la formule

$$3\,CuO, AzO^5 + CaO, HO, 2\,CO^2 = CaO, AzO^5 + 3\,CuO, HO, 2\,CO^2.$$

Il n'est pas nécessaire que la pression de l'acide carbonique soit bien forte (2 ou 3 atmosphères au plus); mais il est essentiel de ne pas chauffer, sans cela l'azurite se détruit : c'est probablement à cette circonstance qu'il faut attribuer l'insuccès des efforts de Senarmont pour reproduire cette substance et compléter ainsi la liste des carbonates naturels qu'il avait obtenus par des méthodes devenues classiques.

Lorsqu'on substitue au carbonate de chaux les carbonates de potasse ou de soude, on obtient de magnifiques produits bleus, qui sont des carbonates doubles de cuivre et de potasse ou de soude. Le sel de potasse est facilement décomposable par l'eau comme tous les carbonates doubles analogues; le sel de soude est, au contraire, indécomposable à la température ordinaire ; sa composition, fort remarquable, est représentée par la formule

$$CuO, CO^2 + NaO, CO^2.$$

Le sulfate de cuivre ne donne pas d'azurite avec le carbonate de chaux.

Recherches sur les phosphates et les arséniates cristallisés.

Ces recherches font l'objet de deux Mémoires. Le premier contient la description et l'analyse de trente phosphates ou arséniates cristallisés obtenus par des méthodes nouvelles de voie humide, susceptibles de donner encore de nombreux composés. Parmi ces phosphates et arséniates se trouve un certain nombre d'espèces minérales bien définies qui n'avaient pas été reproduites pour la plupart, tels sont : l'haidingérite (arséniate de chaux hydraté), la chalcolite (phosphate double d'urane et de cuivre), la libéthénite (phosphate de cuivre hydraté) et l'olivénite (arséniate de cuivre correspondant), l'apatite et le plomb phosphaté, ou chlorophosphates de chaux et de plomb. Ce sont les seuls chlorophosphates qui aient encore été reproduits par voie humide ; la méthode qui a servi à préparer l'apatite m'a permis d'obtenir un chloro-arséniate de chaux correspondant ; c'est le premier chloro-arséniate connu ; depuis, ce genre de sel a été étudié avec soin par M. Lechartier, qui a préparé grand nombre de ces composés.

Le second Mémoire est surtout relatif aux produits cristallisés résultant de la transformation lente, au contact des liquides générateurs, des précipités ordinairement gélatineux que l'on obtient en mélangeant les dissolutions de sels métalliques et des phosphates alcalins. L'un de ces produits cristallisés est la vivianite ou phosphate bleu de fer, espèce minérale non reproduite jusqu'alors ; un autre serait une variété de l'huréaulite exempte de fer (phosphate de manganèse hydraté).

J'explique de la manière suivante la cause de ces transformations [1] :

« Les précipités amorphes, produits par les phosphates solubles et les dissolutions métalliques, ne sont pas absolument insolubles dans les dissolutions salines, acides ou alcalines dans lesquelles ils se sont formés. Si alors, par un abaissement de température par exemple, leur solubilité vient à diminuer, une partie de la substance dissoute cristallise sur les parois du verre ou même sur la substance amorphe ; une élévation de température, au contraire, détermine la dissolution

---

[1] *Comptes rendus des séances de l'Académie des Sciences*, t. LIX, p. 43.

d'une partie de la substance amorphe, bien plus facile à dissoudre que les cristaux; de telle sorte que, par une série de variations, si faibles qu'on le voudra, mais continues, dans le pouvoir dissolvant du liquide, la matière tout entière devra s'agglomérer en cristaux.

» Ce transport d'une matière amorphe vers une substance cristallisée par l'intermédiaire d'un dissolvant est l'analogue de celui qui s'effectue dans les remarquables phénomènes observés, il y a quelques années, par M. H. Sainte-Claire Deville. A une température élevée, les oxydes amorphes se transforment en oxydes cristallisés sous l'influence d'un courant très-lent d'acide chlorhydrique, parce que ce corps, en agissant sur l'oxyde amorphe, donne un chlorure et de l'eau entre lesquels une réaction inverse peut se produire; mais l'oxyde reformé est cristallin et plus difficilement attaquable par l'acide, dont l'action se porte exclusivement sur l'oxyde amorphe jusqu'à complète transformation. Les deux ordres de phénomènes ne diffèrent donc que par le mode de transport de la matière; aussi l'explication, donnée par M. H. Sainte-Claire Deville, de ses expériences, devait naturellement me conduire à l'interprétation des miennes. »

Depuis cette époque, nous avons entrepris en commun, M. H. Sainte-Claire Deville et moi, un travail où nous utilisons les variations de solubilité d'un grand nombre de composés minéraux pour les obtenir à l'état cristallisé; un certain nombre de carbonates, de sulfures et d'autres composés réputés insolubles ont été obtenus sans qu'il ait été nécessaire d'avoir recours à des températures supérieures à 100 degrés. Nous n'avons pas encore publié ce travail.

Parmi les phosphates et arséniates étudiés dans ce second Mémoire (vingt environ), il en est quelques-uns qui étaient déjà connus, mais dont l'étude m'a cependant fourni quelques observations intéressantes.

Je montre, par exemple, que les phosphates ammoniacaux du groupe magnésien peuvent être divisés en deux classes, suivant la quantité d'eau qu'ils contiennent quand on les prépare à froid. Les phosphates ammoniacaux magnésien, cobaltique et nickélique, contiennent 12 équivalents d'eau ($2RO, AzH^4O, PhO^5 + 12HO$); ceux de fer, de zinc et de manganèse n'en contiennent que deux ($2RO, AzH^4O, PhO^5 + 2HO$). Or, tandis que ces derniers sont indécomposables par l'eau bouillante, les premiers, au contraire, se comportent comme des phosphates doubles que l'eau séparerait en phosphate métallique tribasique et en phosphate d'ammoniaque, décomposable par l'eau avec dégagement d'ammoniaque. Cette propriété n'avait pas encore été signalée pour le phosphate ammoniaco-magnésien, qui sert en analyse à doser l'acide phosphorique ou la magnésie. Elle explique l'erreur que présente la méthode, lorsqu'on précipite ou qu'on lave le précipité à l'eau chaude, au lieu de le laver à l'eau froide ammoniacale, comme le recommandent avec raison tous les analystes.

Sur la préparation de quelques oxydes cristallisés.

J'avais obtenu, dans mon travail sur le glucinium, la glucine cristallisée en prismes hexagonaux réguliers, en calcinant fortement le sulfate double de glucine et de potasse. Le même procédé permet d'obtenir facilement, en cristaux très-nets, l'oxyde rouge de manganèse (haussmannite), la magnésie (périclase), et l'oxyde de nickel.

Les phosphates d'alumine, d'urane et de fer, chauffés à une très-haute température avec un excès de sulfate alcalin, donnent un phosphate alcalin qui se volatilise en partie et dans lequel cristallisent l'alumine et les oxydes salins de fer et d'urane.

Je signalerai encore deux autres réactions non publiées dans lesquelles j'ai obtenu l'alumine cristallisée; en faisant passer un courant d'acide chlorhydrique sur l'aluminate de soude porté au rouge, il se forme du sel marin et du corindon; en chauffant un mélange de chaux et de phosphate d'alumine dans un courant d'acide chlorhydrique, on détermine la production d'alumine cristallisée et de chlorophosphate de chaux (apatite ou wagnérite de chaux, suivant la température et la proportion de chaux employée). On sépare ainsi, avec beaucoup de netteté, l'alumine de l'acide phosphorique, en dissolvant le chlorophosphate dans l'acide chlorhydrique, qui est sans action sur l'alumine cristallisée.

Production de l'acide tungstique et de quelques tungstates cristallisés.

La réaction de l'acide chlorhydrique sur les oxydes amorphes, imaginée par M. H. Sainte-Claire Deville pour faire cristalliser les oxydes métalliques, peut être utilisée pour la préparation de l'acide tungstique et du fer tungsté en beaux cristaux; en substituant, au courant lent qui laissait l'oxyde sur place en le transformant, un courant rapide de gaz chlorhydrique, on obtient une volatilisation apparente de la matière, et les cristaux vont se former dans la partie froide des tubes. Le tungstate de fer se forme, avec des proportions quelconques d'acide tungstique et d'oxyde de fer, en cristaux identiques pour la forme avec ceux du wolfram, mais qui en diffèrent cependant en ce qu'ils ne renferment pas, comme le produit naturel, de l'oxyde de manganèse, qui y tient la place d'une certaine quantité de son isomorphe, le protoxyde de fer.

Le mélange d'acide tungstique et de chaux, traité de la même manière, donne le scheelin calcaire (tungstate de chaux cristallisé), qui reste, dans la nacelle contenant le mélange, avec un excès de chlorure de calcium; une certaine quantité d'acide tungstique est transportée par le courant gazeux.

Production de l'atacamite.

Cet oxychlorure de cuivre hydraté se produit dans une circonstance assez singulière. Lorsqu'on chauffe au bain-marie du sulfate de cuivre ammoniacal avec un excès de sel marin, il se dégage de l'ammoniaque, et il se dépose une poudre cristalline qui a la composition de l'atacamite. Tout le cuivre est précipité à cet état : c'est à peine si la liqueur devenue incolore brunit légèrement sous l'influence de l'acide sulfhydrique.

Le chlorhydrate d'ammoniaque ne peut remplacer le sel marin dans cette réaction; il ne donne aucun précipité quand on le traite par le sulfate ammoniacal de cuivre.

CHIMIE APPLIQUÉE.

Recherches sur l'aluminium.

Dans son livre sur l'*Aluminium*, M. H. Sainte-Claire Deville a fait connaître, d'une manière très-bienveillante pour moi, l'aide que je lui avais apportée dans ses premiers essais de fabrication de l'aluminium à l'usine de Javel (1855).

L'année suivante, j'eus l'honneur de devenir son collaborateur à l'usine de la Glacière, d'où sont sortis les procédés actuellement employés pour la fabrication de l'aluminium. L'expérience les a sans aucun doute bien perfectionnés depuis, mais sans les modifier d'une manière essentielle.

Enfin, dans un travail sur les alliages d'aluminium, j'ai appelé, le premier, l'attention sur les propriétés remarquables du *bronze d'aluminium*, alliage de cuivre et d'aluminium, devenu aujourd'hui l'objet d'une importante fabrication.

Métallurgie du platine et des métaux qui l'accompagnent.

Dans notre premier travail sur le platine, nous avions, M. H. Sainte-Claire Deville et moi, posé les bases d'une métallurgie du platine. Le prix très-élevé de la matière ne nous avait pas permis de donner à nos procédés la sanction de la pratique en grand, jusqu'au moment où le Gouvernement russe voulut bien mettre à notre disposition de grandes quantités de minerai. Le résultat de nos expériences a été publié dans le *Annales de Chimie et de Physique*, 3e série, t. LXI, p. 5, et dans les *Annales des Mines*, t. XVII, p. 71, sous le titre précédent. Ce travail comprend :

1° Une méthode par voie sèche, pour traiter avec facilité et rapidité des quantités illimitées de minerai de platine;

2° Une méthode de purification et de fonte de l'iridium brut de la monnaie de Russie;

3° Une méthode mixte pour le traitement des minerais, au moyen de l'eau régale, plus expéditive que l'ancienne et qui se prête facilement à nos procédés de fusion pour obtenir le platine pur;

4° Une méthode de fusion et de moulage, applicable à des quantités illimitées de platine pur ou allié, dans des appareils faciles à construire et d'un emploi industriel;

5° Une étude des procédés de préparation de l'oxygène.

Préparation industrielle de l'oxygène.

Les températures élevées que nécessite la métallurgie du platine exigent l'emploi de grandes quantités d'oxygène; nous nous sommes donc préoccupés, M. H. Sainte-Claire Deville et moi, de trouver un procédé économique de préparation de ce gaz. Nous avons utilisé la décomposition de l'acide sulfurique par la chaleur. Cette décomposition donne un mélange d'acide sulfureux et d'oxygène, d'où il est facile d'enlever l'acide sulfureux par l'eau ou par une dissolution alcaline, selon que l'on veut avoir une dissolution de cet acide, ou préparer des sulfites ou des hyposulfites.

Les vases de terre ou de fonte de nos premières expériences s'altèrent trop vite, surtout les derniers, quand on les chauffe un peu trop; nous les avons remplacés depuis par un long cylindre en platine cloisonné et rempli de lamelles de platine qui augmentent la surface de chauffe, et nous avons préparé de grandes quantités d'oxygène dans ces derniers temps au moyen de cet appareil qui fournirait ce gaz à un prix peu élevé, si l'on utilisait l'acide sulfureux pour la préparation de solutions qui se vendent à Paris en grandes quantités et à des prix relativement considérables.

Sur l'essai d'argent contenant du mercure.

On connaît les modifications que la présence du mercure apporte dans l'essai d'argent par voie humide. Les liqueurs s'éclaircissent plus difficilement par l'agitation, le chlorure d'argent s'altère moins à la lumière, et il cesse même complétement de noircir si l'essai contient de 4 à 5 millièmes de mercure ou plus. Le titre de l'essai est alors supérieur au titre réel d'une quantité sensiblement égale à celle du mercure, lorsque la proportion de ce métal dans l'argent est seulement de quelques millièmes. Tous ces faits ont été constatés par Gay-Lussac, en 1835.

Le chlorure d'argent entraîne donc du chlorure de mercure, quoique ce métal n'existe pas dans la liqueur acide de l'essai à l'état de protonitrate, mais bien à l'état de nitrate de bioxyde, que le sel marin ne précipite pas d'ordinaire, puisque le bichlorure est soluble. Ce fait inattendu avait naturellement conduit les essayeurs à rejeter la voie humide, dans le cas de l'argent mercurié, jusqu'en 1845, où Levol fit connaître un moyen simple d'éliminer l'influence du mercure.

Dans le procédé de Levol, on ajoute à la prise d'essai, dissoute dans 5 centimètres cubes d'acide azotique à 32 degrés B., 25 centimètres cubes d'ammoniaque, puis 20 centimètres cubes d'acide acétique, et l'on continue l'essai à la façon ordinaire. L'éclaircie des liqueurs est beaucoup plus difficile, mais on arrive à un titre exact, et le chlorure d'argent se colore à la lumière comme en l'absence du mercure.

L'exactitude des résultats de Levol a été vérifiée par tous les essayeurs; mais on n'avait jamais donné la théorie de ces phénomènes. Elle ressort, je pense, des faits et des explications qui suivent :

1. Le chlorure d'argent bien lavé, mis au contact d'une solution très-étendue de bichlorure de mercure, change d'aspect. Il blanchit, s'il avait déjà commencé à noircir à la lumière, se divise beaucoup par l'agitation et ne se dépose plus qu'avec lenteur. Le chlorure d'argent a fixé du chlorure de mercure, mais il en reste toujours dans la liqueur, même lorsqu'elle n'en contenait que les 7 ou 8 millièmes du poids de l'argent renfermé dans le chlorure; de plus, le chlorure d'argent mercurié ne peut être lavé, même à l'eau froide, sans perdre son bichlorure et reprendre alors la propriété de noircir à la lumière. Ces faits montrent bien qu'il ne se forme pas de combinaison définie des deux chlorures, mais que l'absorption du sel de mercure par le chlorure d'argent est plutôt un phénomène analogue à ceux qui se produisent dans la teinture en mauvais teint, où l'on voit une étoffe fixer, suivant

la concentràtion du bain de teinture, une quantité variable de matière colorante, qu'un lavage prolongé peut lui enlever en totalité.

Quant au blanchiment de chlorure d'argent dans le bichlorure de mercure, il s'explique par une réduction partielle du sublimé corrosif qui cède au chlorure d'argent altéré le chlore qu'il avait perdu (¹).

II. Une solution de nitrate mercurique, ajouté au chlorure d'argent en suspension dans l'eau, produit le même changement dans ce chlorure ; de plus, une certaine quantité d'argent est entrée en dissolution. Si l'on a ajouté 4 à 5 milligrammes de mercure, la liqueur décime de sel marin accusera à peu près le même nombre de milligrammes d'argent dans cette dissolution : au reste, la présence de l'azotate de soude ne change rien au phénomène, c'est-à-dire que, si l'on ajoute du nitrate de bioxyde de mercure à un essai terminé, on aura encore à précipiter une certaine quantité d'argent, et le titre définitif de l'essai ainsi mercurié sera le même que si l'on avait ajouté le nitrate de mercure avant de précipiter par le chlorure de sodium. Ce phénomène est dû *à la solubilité du chlorure d'argent dans l'azotate mercurique ;* dans une telle dissolution, il peut évidemment se former du bichlorure de mercure que le chlorure d'argent non dissous absorbe, en prenant les propriétés que l'on constate dans l'essai mercurié, en même temps qu'il se produit de l'azotate d'argent, dont la présence peut être accusée par le sel marin.

III. L'acétate de bioxyde de mercure dissout bien plus difficilement le chlorure d'argent. On comprend alors que quelques millièmes de mercure dans un essai, en présence des acétates alcalins, ne puissent apporter de perturbation appréciable, si l'on admet que l'acétate alcalin n'a d'autre effet que de transformer les nitrates d'argent et de mercure en nitrate alcalin et acétates métalliques. La nature de l'alcali est naturellement indifférente : ce que l'on produit avec l'acétate d'ammoniaque doit se produire également avec l'acétate de soude, et cela est

---

(¹) Le chlorure d'argent ne peut donc jamais noircir dans une dissolution de chlorure mercurique ; car il devrait, en noircissant, dégager du chlore, qui régénérerait constamment le bichlorure de mercure.

tellement vrai, qu'il est possible, comme je l'ai constaté, de rétablir un essai mercurié, en lui ajoutant, après qu'il est terminé, de l'acétate de soude, tout comme le faisait Levol avec l'ammoniaque et l'acide acétique ; ce qui montre que les acétates alcalins agissent sur le sel mercurique, fixé par le chlorure d'argent, comme ils le feraient sur sa dissolution.

Il est bien entendu que l'action de l'acétate mercurique dans les essais n'est négligeable que si le mercure est en petite quantité ; lorsqu'on met le chlorure d'argent en contact avec une solution un peu concentrée de cet acétate, il prend immédiatement tous les caractères du chlorure mercurié.

Sur la présence du sélénium dans l'argent d'affinage.

On trouvait depuis longtemps déjà, et d'une manière assez fréquente, des lingots d'argent d'affinage au titre élevé de 998 à 999 millièmes, qui se prêtaient mal à la confection des alliages industriels. C'était surtout pour l'alliage à 950 millièmes (premier titre) que la mauvaise qualité de cet argent apparaissait de la manière la plus manifeste. Les barres ou lames de premier titre (orfévrerie et médailles) étaient aigres et bulleuses ; travaillées avec plus ou moins de peine, elles donnaient des surfaces recouvertes de points grisâtres que le polissage faisait difficilement disparaître et qui reparaissaient toujours sous la dorure. Pendant la fusion des métaux, argent et cuivre, qui constituent l'alliage, il se produisait une ébullition assez vive avec projection de matière, même quand on opérait, comme d'habitude, sous une couche de poussier de charbon.

Cet argent ne présentait d'ailleurs aucun caractère spécial à l'essai : il ne contenait pas trace de soufre, toujours facile à reconnaître par la voie humide. Ce n'est donc pas à la présence de cet agent qu'il fallait attribuer les propriétés fâcheuses que je viens d'énumérer ; j'ai montré qu'elles étaient dues à la présence du sélénium, dont on n'avait pas jusqu'ici signalé l'existence dans l'argent d'affinage.

L'argent fin de coupelle ne contient et ne peut évidemment contenir de sélénium ; mais, si on lui en ajoute même de petites quantités, il perd la propriété qu'il a de donner des alliages ductiles et malléables, faciles à polir. Ainsi, en projetant dans un creuset, où l'on avait fondu $6^{kg},5oo$ d'argent fin de coupelle, 6 grammes de sélénium, on a obtenu un métal qui s'est comporté comme un mauvais argent d'affinage, quoiqu'une quantité notable de sélénium se fût vaporisée dans l'expérience, à cause de la légèreté relative de ce corps qui reste à la surface de l'argent fondu. Une quantité de sélénium notablement inférieure à $\frac{1}{1000}$ suffit donc pour empoisonner l'argent.

On saisit maintenant la cause de l'ébullition produite par l'argent sélénié quand on l'allie avec le cuivre, qu'on emploie toujours à l'état de cuivre *rosette*. Ce métal contient une petite quantité d'oxygène, qui détermine dans toute la masse fondue une production d'acide sélénieux, gazeux à cette haute température. Le charbon qui recouvre la surface de l'alliage n'empêche pas cette réaction intérieure, et si l'on coule le métal avant que l'oxygène du cuivre rosette ait complétement réagi sur le sélénium, ce qui est assez long, on obtient nécessairement un métal bulleux. Les taches superficielles sont dues à des lamelles de séléniure d'argent disséminées dans toute la masse de l'alliage,

L'origine du sélénium est facile à trouver : si quelques lingots venant des centres de production de l'argent en contiennent quelquefois, c'est surtout l'acide sulfurique employé dans l'affinage qui l'y apporte. On se sert, en effet, d'acide provenant de pyrites qui semblent contenir, depuis un certain temps, plus de sélénium qu'autrefois et fournissent un acide sulfurique contenant des quantités notables d'acide sélénieux. On fait bouillir l'alliage ternaire d'or, d'argent et de cuivre que l'on veut affiner avec une bien plus grande quantité d'acide qu'il n'est théoriquement nécessaire pour transformer l'argent et le cuivre en sulfates qu'un excès d'acide seul peut tenir en dissolution ; et, lorsqu'on déplace l'argent de cette dissolution acide par le cuivre, on précipite en même temps que l'argent la presque totalité du sélénium.

J'ai montré, en outre, que les affineurs pouvaient facilement éliminer le sélénium en fondant la *chaux* d'argent précipitée par le cuivre dans une atmosphère oxydante, ce qu'on a réalisé facilement en grand.

PHYSIQUE.

Lumière de Drummond et projection des raies brillantes du spectre des flammes colorées par les métaux.

Ce Mémoire contient la description d'un appareil, pouvant fonctionner avec l'hydrogène pur ou le gaz de l'éclairage, à l'aide duquel on produit, facilement et sans aucun danger d'explosion, la lumière de Drummond, avec une intensité suffisante pour permettre de réaliser la plupart des expériences de projection qu'on a coutume de faire dans les cours publics, avec la lumière électrique, qui est beaucoup plus dispendieuse.

Près de quatre cent cinquante de ces appareils ont été construits depuis 1862, par M. Duboscq, pour les établissements scientifiques.

Je montre que l'on peut, avec le chalumeau à oxygène de cet appareil, obtenir des flammes colorées assez éclatantes pour que leur spectre puisse être projeté sur un écran et rendu visible par conséquent pour un auditoire.

La température de cette flamme étant très-élevée, son examen au spectroscope permet d'apercevoir des raies invisibles avec les flammes ordinaires; pour les sels de potasse, le spectre se compose alors de quatre raies triples extrêmement nettes que j'ai signalées le premier, une près de la raie jaune de la soude, et les trois autres du vert au bleu, c'est-à-dire entre la raie rouge et la raie bleue extrêmes que l'on aperçoit seules dans le spectre des flammes ordinaires colorées par le potassium.

3295   PARIS. — IMPRIMERIE DE GAUTHIER-VILLARS, QUAI DES AUGUSTINS, 55.

www.ingramcontent.com/pod-product-compliance
Lightning Source LLC
LaVergne TN
LVHW050108060726
842524LV00003B/1003